DISCOVRS
EXCELLENT
DE L'H.ERMITTE
SOLITAIRE, SVR LA
grande Conionction des deux
hautes & superieures Planetes
Saturne & Iupiter.

Puis vne vieille & antienne Prophetie pour
les choses de nostre temps.

*Faicte par Abel Quené Doyen de la grande Eglise de
Terouane, tres excellent Astronome, auec
d'autres pieces rares inserées à la fin.*

A PARIS.
Chez Claude Percheron, Imprimeur &
Libraire, demeurant rue Galande
aux trois Chappelets.

M. DC. XVIII.

DISCOVRS EXCELLENT

DE L'HERMITE SOLITAIRE
sur la grande conionction des deux hautes &
superieures Planettes Saturne & Iupiter,
qui se fait tousiours d'vne triplicité en l'autre
de 795.ans en 79 , ayant esté faite du temps
de nostre Seigneur Iesus-Christ, & du temps
de l Empereur Charlemaigne, & maintenãt.

Puis vne vieille & antienne Prophetie pour
les choses de nostre temps, faite par Abel
Quené Doyen de la grãde Eglise de Terouane
tres excellent Astronome. Auec d'autres pieces rares insereés a la fin.

DV puis de l'Abisme de nos mes-
chancetez (Amy Lecteur) il en
sort à toute heure vne fumee si
espaisse & calligineuse, qu'apres auoir in-
fecté de sa puanteur & couuert toute la
surface de la terre obscurcissant le Soleil
& la Lune, & tout ce bel exercite errant
des armees de Dieu, montant iusques deuant son trosne eternel, elle nous y accuse
nuict & iour, incessammãt d'ingratitude,

A ij

de trahison, de desobeissance & de tous les crimes plus execrables & abominables. Aussi auons nous acheué de remplir la mesure des iniquitez de la malice de nos peres, & y entassans encor à monceaux les ordures & desloyautez de Chã, d'Ismaël, & de tous les peuples barbares, ces abominations sont montees si haut dans le Ciel qu'elles y paroissent maintenant comme l'orgueilleuse tour Babel, & comme les montaignes des rebelles Geans qui vouloiét escheler les Cieux. Cependant, Amy Lecteur, nous dormons ce nous semble au calme de la bonace, & comme nous croyons nous courons asseurément en poupe au port, nous estimons qu'il est loisible de prendre en passant le plaisir des doux chants des Syrenes qui sont les delices du monde, & ce pendant nous ne voyons pas que ces douces voix, nous font negliger le gouuernail, & que l'ame tranquille & saoule de ces viandes ne sort iamais des Bancs & des Carybdes de ceste mer : parce qu'on n'en peut sortir, qu'on ne sóit attaché nõ comme Vlysses à l'arbre du Nauire, mais à celuy de la Croix, c'est à dire à la medi-

tation pitoyable du Sauueur Iesus. Quãt
à moy, i'ay esté autrefois comme la plus
part de vous enfepueli dans le fommeil
des vanitez, ie me fuis chatoüillé aux fol-
les cõuoitife & de leurs concupifcences,
ie me fuis laiffé feduire aux voluptez trõ-
peufes de leur appas, & comme font encor' plufieurs, i'ay autrefois creu que la
bonté & la mifericorde de Dieu, eftoit fi
grande que pour aller des delices de ce
monde, en celles de l'autre, il n'y auoit
non plusà faire, que s'il ne falloit que s'aller promener dans des lieux plaifans que
la douce aure, le printemps, les fleurs, &
l'odeur rendit entierement delectables.
Mais depuis que la grace diuine à faict
tomber les efcailles de mes yeux, & qu'il
ma permis de jetter la veue hardiment
fur la cognoiffance des accidens qui noª
font futeurs, i'ay leu au Ciel, i'ay veu, i'ay
cogneu auec toute clarté, que non feule-
ment il eftoit tres-bon & tref-mifericor-
dieux, mais auffi tref-iufte, & trefrigou-
reux, & que cõme fa clemence na point
de bornes, tout de mefme, fa iuftice e-
xerce fa vengeance exactement. Depuis
comme ic confiderois) deflié des entra-

A iii

ues des follies des mondanitez)d'vn œil
clair & lucide l'euenement iournalier de
nos accidens qui ne font aucunement,
comme difoit Democrite, par aduanture
i'ay cogneu ce tref-grand fecret, que la
bonté de Dieu à efté fi abondante, qu'il
nous a voulu permettre de fçauoir quand
il feroit courroucé contre nous afin de
le pouuoir flefchir par prieres, fac, & cen-
dre, côme les Niniuites, & le Roy Ozias:
qu'il nous a voulu mefme permettre de
cognoiftre quand il nous aymeroit, a
fin que viuans en fa crainte nous peuf-
fions auancer nos profperitez, comme le
bon laboureur, cultiuant bien vne bonne
terre. Et partant i'ay efté côtraint de dire
alors auec ce grand Roy Dauid verita-
blement, *Cœli enarrant gloriam Dei, &*
opera manuum eius annuntiat firmamentum.
Mais apres que i'ay veu le brafier ardent
du courroux de l'Eternel, que fon bras e-
ftoit leué pour nous frapper au iour de
l'execution de fes punitions tref-iuftes,
que i'ay remarqué la fin & le dernier
branfle d'vn Empire, l'Euerfion de plufieurs eftats, tant de chifmes & partia-
litez, i'ay eftimé qu'il eftoit de mon de-

uoir de vous aduertir & vous dire, que ce
n'eſt plus ce grand ſeruiteur de Dieu S.
Iean Baptiſte, qui par les deſerts d'vne
voix foiblette s'en va criant. *Amendez*
vous : Car le Royaume de Dieu eſt prochain.
C'eſt auiourd'huy le Ciel meſme, qui
voyant auancer les reuolutions des pe-
riodes de ſa fin, qui voyant approcher les
iours qu'il ſe retreſſira en ſoy-meſme
en l'ire de Dieu comme le parchemin
qui ſe bruſle & roule, qui voyant les pro-
fonds abyſmes de nos meſchancetez de-
uoit meſme faire abreger les iours de la
taſche de ſes labeurs, de la voix eſpou-
uentable de ſes tônerres, au milieu & en
la face de tout le monde, affreux à toute
ame, à toute malice ſpirituelle no⁹ va de-
formais criant *Amendez vous, amendez vous*
meſchans; car le Royaume de Dieu eſt prochain.
Car voicy les deux teſtes d'Aries, des
Zodiaques de la huiƈt & neufieſme Sphe-
re, qui par leur mouuement ayant longs
ſiecles y a, paſſé leur quadrature dextre,
ſont maintenant paruenuës à l'oppoſition
du lieu de leur premier mouuement &
ſelon les raiſons phiſicales menacent de
peſte, de guerre, & de famine.   Voicy

tout de mesme que les poles de l'Eclipti-
que par leur mouuemens ont des-ja tant
fait, que les Solstices se vont faire hors la
voye lactee, & qu'au contraire les equi-
noxes, se feront en icelle, & par mesme
moyen que le pole Artique de l'Eclipti-
que, s'en va passer auec ses estoiles, au
lieu de l'Antartique, & l'Antartique à
celuy de l'Artique, & qu'il s'en va faire
vn si grand changement qu'il n'y en eut
iamais vn semblable en l'Vniuers. Voicy
la derniere conjonction des hautes & superieures planettes qui est paruenuë au
dernier signe de la triplicité signee,(comme au temps du deluge, au dernier de la
triplicité acquee) voicy comme le dernier Ange qui s'en va sonnant de la trom-
pette pour appeller toute ame en iuge-
ment, deuant son Dieu, & pour se voir
examiner par le feu, par la flamme. Conjonction Amy lecteur, si espouuantable
que d'y penser seulement, mes cogitatiós
se troublent en mon esprit, & mes imagi-
nations m'espouuentent, en l'apprehen-
sion des effects de tant de tristes euene-
mens. Depuis que le Soleil se meut, il ne
vit iamais vn rencontre semblable. Car la
conion-

conjonction fut le 24. Decembre 1603.
à 7. heures 28. minutes 31. secondes, apres
midy en la premiere face, c'est à dire au 9.
degré 37. minutes 40. secondes, du Sagitaire, en la 5. maison du ciel, qui repre-
sente les ieux, les plaisirs, les pompes, les
magnificences, les enfans, dons presens
&c. montant alors en l'ascendant le 10.
degré 34. minuttes du signe Leo, en laquelle (ce qui est horrible à comprendre)
non seulement Saturne, appellé par ses effects. *In fortuna maior*, par quadrature of-
fença la Lune luminaire du temps, mais
aussi opprima du tout Iupiter, auec lequel
il se conioignoit, encor' que Iupiter fût
en ses dignitez essentielles, c'est à dire en
sa maison & en son trigone, & ce d'autant
que Saturne se treuua lors au plus haut de
son Apogee, & de son Epicicle superieur
& esleué en toute façon, sur Iupiter. A ce
malheur faut adiouster, qu'au temps de
ceste conjonction, Mercure fut aussi op-
primé, tant parce qu'il estoit conjoinct a-
uec Iupiter, que Saturne opprimoit, que
parce qu'il estoit en son exil & detriment:
Mais le plus espouuantable de tout, & ce
qui me faict dresser les cheueux, c'est que

B

la Lune fuyant & defluant de la quadrature de Saturne applique, ô malheur, au
propre corps de Mars, qui luy eſt ennemy
& eſt furieux pour eſtre en ſigne contraire à ſa nature Libra, duquel au meſme
temps il bleſſe le Soleil, & Venus par quadrature, qui ſe treuuent en ſa mercy, &
en ſa puiſſance dudit Mars. Si donc le Soleil, qui ſignifie les Empires, les Roys, &
les grands Princes, la Lune, qui denote
les Reines, les vefues, les femmes & tout
le menu peuple, & l'vn & l'autre, de ces
luminaires le general de la vie des humains, ſi Iupiter qui repreſente propre-
ment les gens d'Egliſe, & les grands Prelats, les Nobles, & la Iuſtice ſi Mercure
auſſi qui ſignifie les Doctes les ſçauans, les
Predicateurs. Si tout cela eſt ſi infortuné
au temps & par le moyen de ceſte grande
conionction, & que les maux d'icelle ſe
doiuent eſtédre ſur toutes ces perſonnes,
ou eſt ce que nous cercherons la tranquil
lité, la ſocieté, & le repos pour viure heu-
reuſement? Certes non pas en la terre,
mais au ſeul Dieu qui nous eſpargnera ſi
nous nous repentons. Car autrement les
pompes, les plaiſirs, & magnificences des

Roys, seront conuerties en lamentations,
souspirs & larmes, & les grands Prelats &
les plus doctes nous serõt rauis par la Par-
que blesme auec tref-grande fureur, la
peste, & famine, nous feront errer d'vne
contree en l'autre comme vagabons , &
Mars qui se treuue en la maison troisiéme
qui designe la religion, auec des schismes
& de reuoltes de peuples, nous amenera
encor' des nations barbares, desquelles le
nom nous est encor'incogneu qui(ce que
la bonté diuine ne vueille permettre) a-
uec le fer & la flamme desolerõt les lieux
reuerez, prophaneront les saincts, & selon
la nature de Saturne , renuerseront les i-
mages, & tout ce qui est de pur & net aux
habits , solemnitez & ceremonies de l'Æ-
glise. Voire mesmes s'il faut croire aux
obseruations d'Albumasra Arabe, Iacfar
Perse , Thebit & tant d'autres Chaldees
& Ægyptiens , que chasque grande conjonction meine des nouuelles sectes , le
grand Antechrist viendra , sur ceste con-
fusion & conjonction, durant quelques
ans exerceant des cruautez si horribles,
que iamais yeux n'en ont veu, ny esprit i-
maginé de semblables. Desquelles ie vo⁹

aduertiray parlant des trois Ecclipses que
nous aurons l'an 1618. & du reste de ceste
conjonction, auquel temps (si Dieu n'est
appaisé par prieres & oraisons par l'amen-
dement de nostre vie, repentante) Ie croy
qu'asseurement nous commencerons de
sentir la rigueur de la cruauté de la conjonction, si l'on en veut dire qu'elle a com-
mencé des le temps de la des-obeissance
des Venitiens, enuers le siege Catholique
Apostolique Romain, ou du temps du
grand & horrible froid que Saturne fit
sentir peu apres en France, à Paris, & en
plusieurs autres Royaumes, ou bien plu-
stost par le parricide execrable de ce dé-
mon enragé Rauaillac. Car dés l'instant
que la conjonction fut faite elle ne mon-
stra pas ses effets, ne le pouuant que les
impressions de la precedente conjonction
qui fut faicte du temps de l'election de
l'Empire de Charlemaigne, y a 800. ans
ou enuiron ne soiét par celles cy effacées,
qui ne peut estre que pied à pied, & par
des grands & espouuantables accidens,
es vns les autres insensiblement s'entre-
suiuans. De laquelle horrible cóionction,
le grand & supernaturel Nostradamus,

dict en ses centuries.

La grand' faux à l'estāg, cōjointe au Sagitaire
Haut en son Auge & exaltation
Peste, famine, guerre & la mort volontaire
Siecle veut aprocher de renouation.

Cela veut dire, la planette qu'on peint auec la faux, & qui preside aux estangs, qui est Saturne, conioint au Sagitaire, auec Iupiter, il ne nomme point Iupiter, parce que parlant des conionctiós des plus hautes planettes, cela se doit entendre necessairement de Saturne & Iupiter, Saturne se treuuāt haut en son Auge & exaltation de ceste conionction, veut-il conclure, que nous aurons peste, guerre, famine, & mort volontaire : plusieurs se tuans euxmesmes par desespoir, & qu'alors le siecle se renouuelera estāt abregé par Dieu. Tu te repentiras donc de tes iniquitez (Amy Lecteur) tu te prepareras à l'essay de l'examen de ta conscience, que les Huissiers celestes t'aduertissent, la Iustice diuine vouloir bien tost prendre des humains, tu exerceras les bonnes œuures, rendant obeissance à tes Roys, &

Biij

superieurs, ainsi qu'il t'est commandé
par le tout puissant, & le Seigneur qui
est iuste, au iour terrible de son futur Iu-
gement, commandera a son Ange de re-
tirer au nombre de ces doux & bien-heu-
reux Esprits, ausquels il dira *Venez les be-
nits de mon Pere possedez desormais le Royaume des Cieux.* Ainsi soit-il.

ANCIENNES
PREDICTIONS

de l'an 1477. pour les choſes de
maintenant.

Auec ſon explication.

L'An 1500. auec Nonante ſte
Des maux quõ aura je meſpã-
L'ã mil cinq cẽs nonãte & vn
Le mal en pis pour par le commun :
L'an mil cinq cens Nonante & deux
Pluſieurs ſeront deſtruicts par deux :
L'on ne verra l'an trois & quatre
Pour ces grands maux aucun emplaſtre :
Nonante deux Nonante trois
Du Sud arriuera le Roys,
Qui ſera l'an Nonante & ſix
Pour l'heur du peuple au Throſne aſſis,

Ayant renuersé l'entreprise
Forgee entre l'Oest & la Bise
Nonente sept Nonante huict
L'on benira Dieu iour & nuict,
Et chantera chasque Prouince
Les louanges de ce bon Prince,
Soubs lequel seront maintenus
Gens d'Eglise en leurs reuenus,
Car ils viuront tous à leur aise,
Iusqu'es en l'an six cens & seize,
Chacun sera lors en danger
De voir le bien en mal changer:
L'Aigle son vol rehaussera,
L'Isle de l'Ange abaissera,
Le Coq chantera en ses desseins,
L'Austruche aura ses poussins,
Lors vn fleuron du Lys reignera,
De corps & d'entendement sain,
Qui la republique rendra
Conduisant à bonne fin.

EXPLI-

EXPLICATION.

L'Autheur de cette Prophetie viuoit en l'an 1477. reignant en France Louys 11. & ce qui la doit rendre plus memorable, est quelle est faite pour nostre temps, par vn homme au temps duquel il y auoit beaucoup à dire, & mesme depuis son temps jusqu'au nostre, comme les faicts des Bourguignons & le bien public, la deffaicte de Louys Duc d'Orleans, depuis Roy, la conqueste d'Italie, les guerres de France & d'Espaigne & celles de la religion ; neantmoings (si ce n'est que par hazard les cahiers precedens de ladicte Prophetie ayant esté perdus, & ce qui faict mention de nous soit resté) il ne touche que les choses de nostre appartenance. Or d'autant qu'elle à d'eu passer depuis quelques années dans assez de mains & que certains esprits du temps pourroient l'expliquer à leur fantesie, la voicy telle qu'elle me semble deuoir estre jugée auec plus de modestie & de vray semblance ; non que nous debuions tenir comme articles de foy, tels eslancemens Astrologicques, mais aussi ne faut il pas

les reietter du tout, chasque temps estant
capable du don de Prophetie.

L'an mil cenq cens auec Nonante
Des maux qu'on aura ie messante.

Assez de gens ont peu voir & ressentir
les maux & les desolations de l'an 1590.
dans lequel les troubles de la Ligue s'es-
chaufferent á bon escient, la memoire
en est encores si recente, & tant de monde reste de qui les yeux en ont esté les
tesmoings, qu'il seroit inutile d'en parler.

Espante.

Vieil mot qui veut dire espouuante.

Plusieurs seront destruicts par deux

Il se peut entendre si l'on veut, par
les deux chefs de party ; si l'on veult ,
par les guerres esmeuës par la mort de
deux Princes.

L'on ne verra l'an trois & quatre
Pour ces grands maux aucun emplastre.

Ce fut lors des trefues & de la reduction de Paris , ou les diuorses d'auec
l'estranger s'allumerent plus que deuant
& lors que la guerre luy fut declarée.

Emplastre.

Les bonnes gens du temps passé auoient
si peu de mots que tout leur estoit bon.

Nonante deux , Nonante trois
Du Sud arriuera li Roys.

Il recommance á ces années 92. & 93.
ou furent les trefues qui precedderent la
reduction de Paris en lobeiſſance du Roy
H E N R Y le Grand , lequel il dict venir
du Sud, qui veut dire le Midy, le Beard &
les monts Pyrenées , lieu de ſa naiſſance,
y eſtans ſcituez.　*Li Roys.*

Ly Roys pour le Roy, vieille façon
de parler des Poëtes du temps paſſé.

Qui ſera l'an Nonante & ſix
Pour l'heur du peuple au Throſne aſſis.

Ce fut lors que les Eſtats ſe tindrent à
Rouën pour la reformation du Royaume,
& pour trouuer les moyens de le mettre
en paix, & que le Roy, aſſis en ſon Throſne , y preſidoit.

Ayant renuerſé l'entrepriſe
Forgee entre l'Oeſt & la Biſe.

L'entrepriſe de la guerre , forgée
& ſuſcitée par Mars Seigneur de Thra-
ce , ou la Biſe à couſtume de ſouffler.

Nonante ſept Nonante huict
L'on benira D I E V jour & nuit,
Et chantera chaſque Prouince
Les loüanges de ce bon Prince.

En ces années furent & l'achemine-
ment & l'accompliſſement de la Paix a-
uec Philippes Roy d'Eſpaigne, ou chacun beniſſoit Dɪᴇᴠ nuit & iour, & lors
qu'il n'eſtoit preſque celuy qui ne ſe tra-
uaillaſt à chanter les loüanges du Roy
Hᴇɴʀʏ le Grand.

> *Soubs lequel ſeront maintenus*
> *Gens d'Egliſe en leurs reuenus,*
> *Car iʃs viuront tous a leur aiſe.*

On ne veid iamais les Eccleſiaſtiques
mieux viure , & plus en repos , ſans eſtre
inquieté en nulle part, qu'alors , non pas
meſmes aux villes plus contraires , & iamais on ne les veid mieux iouir de leur
reuenu ſans crain̂cte,

> *Iuſques en l'an ſix cens & ſeize*
> *Chacun ſera lors en danger.*
> *De voir le bien en mal changer.*

La fin de ceſte annèe & le commence-
ment de l'autre , nous menaſſoient hu-
mainement de beaucoup de maux, & de
faiⁿct, ſans la bonté diuine qui reünit tout
alors, nous l'euſſions veu à nos deſpens,
auſſi diⁿct-il ſeulement que chacun ſera
lors en danger de voir le bien en mal châ-
ger, & non pas que nous le verrions.

L'Aigle son vol rehaussera.

L'Empire figuré par l'Aigle, ne fut iamais plus hault & plus puissant qu'il est on recognoist assez de combien il est different de ce qu'il a iadis esté.

L'Isle de l'Ange rehaussera

C'est l'Angleterre, dont les hommes furent nommez Anges pour leur beauté: (quelques vns ont voulu dire l'Isle de l'Angle, car elle est comme l'Angle de la terre) elle haussera le mariage de Madame CHRISTINE, auec le Prince de Galles s'il plaist à Dieu que cela s'accomplisse Princesse à qui Dieu sçaura faire la grace d'y aduantager toutes sortes de vertus à l'honneur de Dieu & a la gloire & bien du Royaume.

Le Coq chantera en ses desseins.

Le mot de Gallus signifie vn Coq & pareillement vn François ; qui n'a veu par les troubles derniers 1615. & 1616. ou no⁹ sommes, le François manger le Françôis, c'est a dire le ruiner de fonds en Comble, & mesmes luy donner la mort; qui n'a veu les subiets mesmes estre la proye des Gentilhômes desquels ils releuoient ? & bref qui n'eust veu la France courir vne estran ge fortune fans la Paix que les Prieres des bons nous a fait auoir.

L'Auftruche aura fes Pouffins.

L'Efpaignol de la Maifon d'Auftriche, qui par le Mariage de la Royne ANNE, ceffera les vieux deffeings & les inimitiez du paffé, les conuertiffant en bonne amour & parfaicte concorde,

Lors vn fleuron du Lys regnera
De corps & d'entendement fain,
Que la Republique rendra
Conduifant à bonne fin

C'eft le Roy LOVYS XIII. qui venant à croiftre en âage, & en bonnes mœurs, ou fa MAIESTE' eft du tout encline. S'il refte encores parmi nous quelque refte de malheur & d'infortune, les diffipera du tout, ce faifant voir le Hercule de la France, pour efteindre au Berceau les Serpens & donner (en fe rendant Maiftre abfolu) pour iamais tel repos à ce Royaume que l'âge d'or y renaiftra, foubs les heureux aufpices d'vne paix defirée, DIEV nous en face à tous la grace & qu'il voye fes ans arriuer au nombre de ceux de Neftor.

*Predictions & augures, qui se peuuent prendre
en tout temps sur la variation de l'air.
Tirées des Phenomenes.*

LE Ciel rouge au soir, est argument de beau temps le lendemain.

Le Ciel luisant auec tristesse, presage quelque tempeste.

Quand le Soleil se couure vers l'Occident, c'est argument d'vne guilée froide & soudaine.

Et quand le vent est au Midy, c'est signe de chaud.

Aristote & Virgile enseignent que si le Soleil à son leuer & son coucher est lumineux.

Où si les vents viennent du costé du Soleil, c'est signe de beau temps.

Si le Soleil à son leuer est aucunement obscurcy d'vne nuée, argument de pluye.

Si les rayons sont pasles, c'est signe de gresle.

S'il est blesme à son coucher, c'est signe de pluye.

S'il est rouge comme feu, sont predictions de vents.

S'il a diuerses couleurs meslez auec

rougeur, c'est argument de tempestes.

LA Nouuelle Lune estant noire & obscure, annonce des pluyes.

Si elle est rouge, c'est signe de vents.

Si le 4. iour elle est claire, & a les cornes aguz, elle predict beau temps.

LE feu tombant du Ciel, signifie desolations, seditions & pestilences.

Vne comette, argument de mortalité, & de grandes chaleurs.

Les estoilles apparoissantes de iour, presage de guerre.

Monstres, presagent grands maulx.

Grãds vés predisent trahisõs & seditiõs.

Tremblemens de terre signiffient guerres, famines & pestes.

Vn cercle à l'entour du Soleil, demonstre secheresse future.

Pluralité de Soleilz, presage diuisions & deluges.

FIN.

www.ingramcontent.com/pod-product-compliance
Ingram Content Group UK Ltd.
Pitfield, Milton Keynes, MK11 3LW, UK
UKHW022344170726
13837UKWH00005BA/2398